NOTICE

SUR LA

VITICULTURE EN ROUMANIE

PAR

M. G. NICOLEANU

Membre du Comité national de l'Exposition universelle
de Paris

PARIS

IMPRIMERIE TYPOGRAPHIQUE J. KUGELMANN

12, rue de la Grange-Batelière, 12

1889

NOTICE

SUR LA

VITICULTURE EN ROUMANIE

PAR

M. G. NICOLEANU

Membre du Comité national de l'Exposition universelle
de Paris

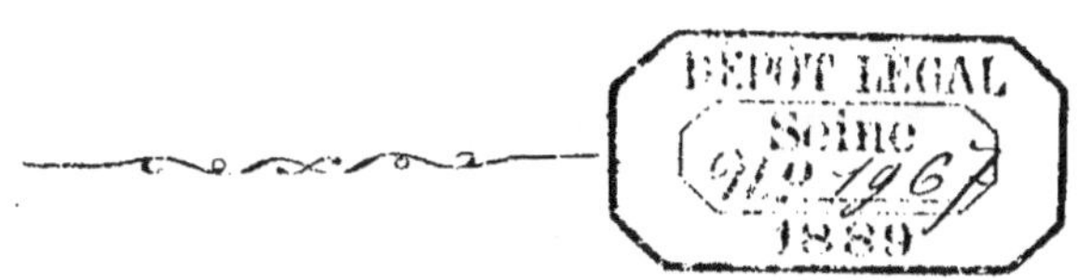

PARIS

IMPRIMERIE TYPOGRAPHIQUE J. KUGELMANN

12, rue de la Grange-Batelière, 12

1880

NOTICE

SUR LA

VITICULTURE EN ROUMANIE

De toutes les branches de l'industrie agricole, la viticulture, par son étendue et le développement qu'elle a pris aujourd'hui, est considérée comme l'une des principales de l'agriculture roumaine.

Le vin occupe la seconde place des produits qui caractérisent notre agriculture en général.

La viticulture, depuis 1867, lorsque, pour la première fois, elle a été représentée à l'Exposition, a pris un élan tout à fait surprenant, et les causes qui ont contribué à ce rapide développement, nous pouvons les attribuer à la création d'un plus grand nombre de chemins de communication, à l'extension des voies ferrées dans tous les coins du pays, qui facilitent les transactions, et enfin à la protection qui a été accordée à nos naissantes industries dans différents traités de commerce qui nous ont mis en rapports commerciaux avec les pays étrangers.

Les vignobles de la Roumanie se trouvent en général situés sur les collines et les éminences qui forment les dernières ramifications des Carpathes; ils constituent une chaîne qui, partant de l'une des ex-

trémités du pays (Turn-Severin), aboutit à l'autre
(Dorohoi).

La zone des vignes n'est point bien définie, parce
que tous les départements riverains du Danube et
du Pruth en possèdent de répandues sur toute leur
surface.

Néanmoins, les vignes de la Roumanie peuvent,
à quelques exceptions près, être partagées entre
deux régions, qui sont :

1° *La région des collines et éminences*, depuis la
voie ferrée centrale jusqu'aux Carpathes ;

2° *La région de la plaine*, comprise entre cette
voie et le Danube.

La différence de qualité des vins que produisent
ces deux régions est assez remarquable, quoique
aussi bien la formation géologique que le climat
soient identiques, du moins pour la majeure partie
du parcours.

La qualité supérieure des vins de la région des
éminences est due d'abord à la composition variée
des terrains ; en second lieu, à l'exposition, l'altitude
et enfin aux variétés de la vigne.

Les vins produits dans la région des collines sont
plus alcooliques, moins riches en tanin et un peu
plus acides que les autres ; ils réunissent cependant
des qualités tout à fait supérieures pour la consommation.

Pris en général, les vins de Roumanie ont beaucoup d'affinité avec ceux de l'Autriche-Hongrie, du
Rhin et du Roussillon.

Les principaux vignobles du pays sont ceux de :

Cotnari, département de Jassy, qui produit d'excellent vin blanc ;

Nicoresti, département de Tecuci, qui produit d'excellent vin rouge foncé, rouge et blanc ;

Odobesti, département de Putna, qui produit d'excellent vin blanc et rouge foncé ;

Dealu Mare, département de Prahova, qui produit d'excellent vin blanc et rouge ;

Dragasani, département de Rimnicu-Velcea, qui produit d'excellent vin blanc et un peu de rouge ;

Golul Drincea et *Orevitza*, département de Mehedintzi, qui produisent d'excellent vin rouge foncé et rouge.

En outre de ces sept principaux centres vinicoles, la Roumanie possède encore les remarquables vignobles suivants :

Panciu, département de Putna, qui produit du vin blanc et rouge foncé ;

Sarata, département de Buzeu, qui produit du vin rouge foncé et rouge ;

Plenitza, *Simnic* et *Carcea*, département de Dolj, qui produisent du vin blanc, rouge et rouge foncé ;

Rogova, *Bresnitza* et *Poroina*, département de Mehedintzi, qui produisent du vin rouge foncé et rouge ;

Vertesconi et *Dalhautz*, département de Rimnic-Sarat, qui produisent du vin blanc, rouge et rouge foncé ;

Socola, département de Jassy, qui produit du vin blanc ;

Greaca et *Popesti*, département de Vlasca, qui produisent du vin blanc et rouge ;

Dragusani, département de Tecuci, qui produit du vin rouge foncé, rouge et blanc ;

Draganesti, département de l'Olt, qui produit du vin rouge ;

Greaca et *Costesti*, département de Tutova, qui produisent du vin blanc et rouge ;

Husi, département de Falciu, qui produit du vin blanc et rouge ;

Badila, Nicolitelul, Cadoul et *Issaccea*, département de Dobrodja, qui produisent du vin blanc et rouge.

La surface des vignes que possède la Roumanie s'élève actuellement au chiffre rond de 163,700 hectares, ou 1 82e de la surface territoriale du royaume. En vingt-deux ans, c'est-à-dire depuis 1867, la surface des vignobles s'est augmentée de 76,000 hectares, ou de 42 0/0, sans tenir même compte de la perte de la Bessarabie, où la surface des vignes était beaucoup plus grande que celle que possède la Dobrodja.

Cette surface de 163,700 hectares représente approximativement une production annuelle de 6,223,200 hectolitres de vin.

La production vinicole de la Roumanie s'est élevée, pour l'année 1887, au chiffre de 8,726,604 hectolitres, d'une valeur de 260,898,400 francs.

La valeur d'un hectare de vigne travaillée varie entre 300 et 2,000 francs, et monte même plus haut.

Les vignes de la région des collines se vendent toujours plus cher que celles qui sont en plaine.

Les vignes du pays représentent une valeur qui s'élève au chiffre approximatif de 196,440,000 fr.

Le commerce que la Roumanie fait de son vin avec les pays étrangers va en florissant de plus en plus.

Si nous prenons les chiffres pour les années 1884, 1885, 1886 et 1887, elles nous fournissent le tableau qui suit :

Commerce de la Roumanie avec l'Étranger

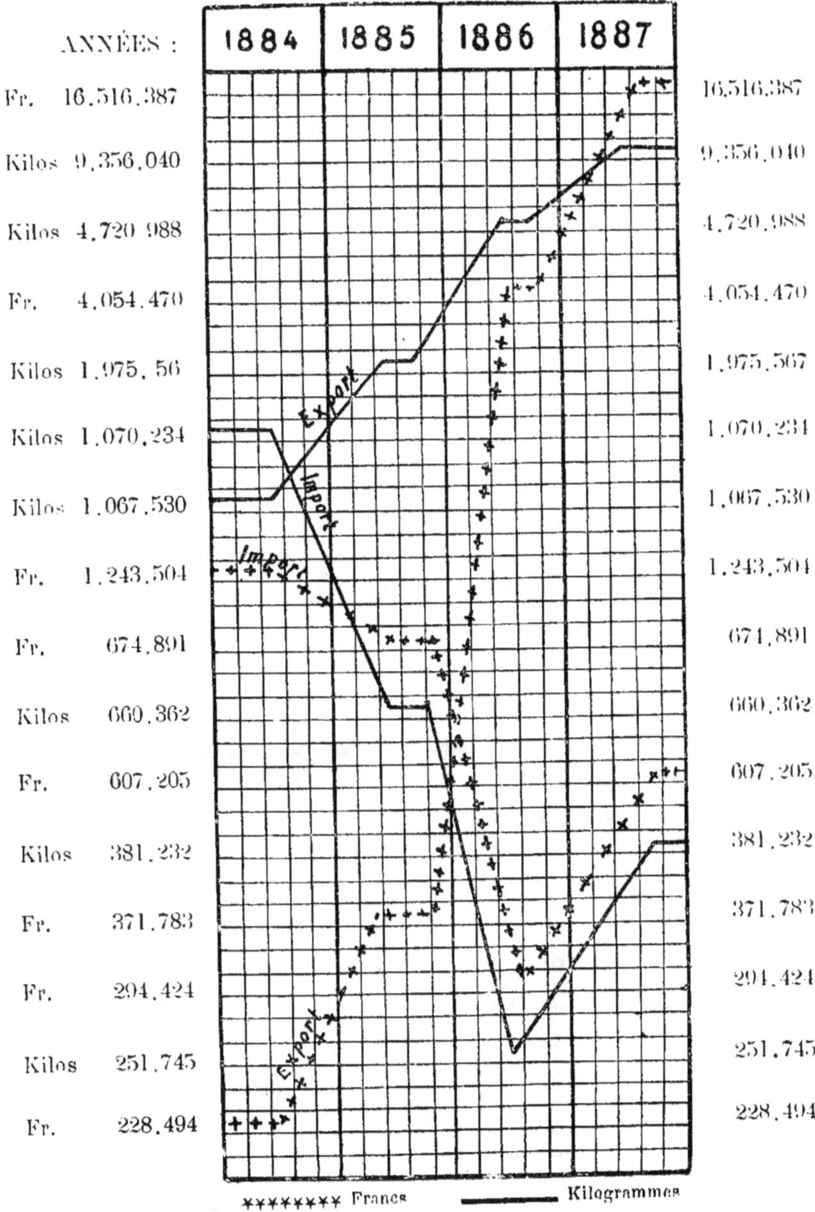

En mettant le tableau qui précède sous une autre forme, nous avons le tableau suivant :

ANNÉES	IMPORTATION		EXPORTATION	
	KILOGRAMMES	VALEUR EN FRANCS	KILOGRAMMES	VALEUR EN FRANCS
1884.........	1.070.234	1.020.989	1.067.580	228.494
1885.........	660.362	674.891	1.975.567	371.783
1886.........	251.745	294.424	4.720.988	4.054.470
1887.........	381.232	607.205	9.356.040	16.516.387
	2.363.573	2.597.459	17.120.425	22.171.134

Nous voyons qu'en considérant les vins en groupe, c'est-à-dire sans distinction des qualités, tandis que le chiffre de l'importation va en décroissant, celui de l'exportation suit sans discontinuer une marche ascensionnelle.

En effet :

En 1884, nous avons importé du vin pour 1 million 243,504 francs, et nous avons exporté pour 228,894 francs ; en 1887, le chiffre de l'importation est descendu à 607,205 francs, tandis que l'exportation atteint le chiffre de 16,516,387 francs !

L'impulsion donnée à notre commerce de vins est en grande partie due à cette circonstance que les vins de la Roumanie ont depuis quelque temps commencé à être appréciés et estimés selon leur valeur sur les marchés étrangers.

Parmi les pays avec lesquels la Roumanie a eu des relations commerciales plus étendues, en ce qui regarde ce produit, il faut citer en première ligne la **France** et ensuite l'**Autriche-Hongrie**.

La participation de la Roumanie à l'Exposition universelle de 1889 sera également, croyons-nous, un des plus puissants moyens pour que, d'un côté, les vins de notre royaume soient mieux connus, et que, de l'autre, les pays étrangers, les connaissant mieux, puissent comparer nos produits aux leurs et décider ainsi jusqu'à un certain point la direction dans laquelle ils doivent à l'avenir diriger leur attention.

Notre commerce de vin avec l'étranger comprend trois catégories de vins, c'est-à-dire :

Vins fins en bouteilles ;
Vins fins en tonneaux ;
Et enfin, *Vins ordinaires en tonneaux et en bouteilles.*

Nous croyons nécessaire d'indiquer dans les tableaux qui suivent la marche de ce commerce, afin que l'on puisse voir laquelle de ces trois catégories a fait l'objet principal de nos transactions commerciales dans les trois années de 1884, 1885 et 1886.

VINS FINS EN BOUTEILLES

PAYS	IMPORTATION			EXPORTATION		
	1884	1885	1886	1884	1885	1886
	Fr.	Fr.	Fr.	Fr.	Fr.	Fr.
Autriche-Hong.	90.727	68.299	49.778	537	1.393	208
Belgique	45	535	706	»	»	»
Bulgarie	3.240	400	80	620	550	»
Suisse	1.370	1.423	»	40	»	420
Angleterre	6.598	2.005	1.204	1.403	»	»
France	167.747	121.320	3.272	100	200	104
Allemagne	31.827	32.372	47.383	»	481	50
Grèce	4.611	2.597	560	»	»	»
Italie	4.537	8.375	4.306	»	40	»
Russie	754	705	»	470	45	»
Serbie	92	91	46	»	»	»
Espagne	1.291	456	20	»	»	»
Turquie	2.019	1.452	24	550	746	»
Egypte	»	»	»	»	600	»
Hollande	300	»	»	»	»	»
	314.828	240.530	77.349	3.490	3.695	470

VINS FINS EN TONNEAUX

PAYS	IMPORTATION			EXPORTATION		
	1884	1885	1886	1884	1885	1886
	Fr.	Fr.	Fr.	Fr.	Fr.	Fr.
Autriche-Hong.	29.941	25.987	25.113	24.257	43.587	6.256
Bulgarie	9.486	3.485	429	450	»	»
Suisse	175	35	666	»	»	562
Angleterre	1.064	763	912	»	550	»
France	31.934	16.734	37.239	23.184	100	426
Allemagne	12.196	19.416	15.544	435	330	3.814
Grèce	49.096	23.596	9.723	»	»	»
Italie	6.752	9.853	7.374	»	»	900
Russie	182	»	684	»	»	46
Serbie	629	62	1:446	»	»	»
Espagne	406	782	1.240	»	»	»
Turquie	25.523	33.003	965	379	2.525	485
Belgique	»	»	»	»	1.686	700
	167.384	133.416	103.782	48.405	48.778	14.856

VINS ORDINAIRES EN BOUTEILLES ET EN TONNEAUX

PAYS	IMPORTATION			EXPORTATION		
	1884	1835	1886	1884	1885	1886
	Fr.	Fr.	Fr.	Fr.	Fr.	Fr.
Autriche-H..	20.386	118.089	58.707	147.935	251.845	620.020
Bulgarie....	22.878	3.071	145	135	250	195
Angleterre ..	237	2.871	3.370	»	»	230
France	33.582	17.338	8.901	3.652	3.508	2.357.782
Allemagne. .	8.773	5.885	11.693	50	6.780	30.896
Grèce	67.840	20.233	6.737	220	130	»
Italie.......	12.434	15.625	10.250	»	36.100	107
Russie	3.175	600	9.141	261	567	1.056
Serbie.	97.449	54.328	1.183	330	810	»
Espagne....	80	8.472	702	»	»	»
Turquie	92.223	60.858	1.270	24.266	19.075	118.973
Suisse......	»	»	»	50	»	546
Belgique ...	»	575	»	»	»	9.330
Hollande ...	»	»	1.344	»	»	»
Egypte	»	»	»	»	250	»
	764.292	300.945	113.343	176.899	319.310	4.439.135

Par ces tableaux, l'on voit qu'excepté les vins fins en bouteilles l'exportation des autres catégories de vins nous donne toujours une augmentation avec une tendance constante à l'élévation du chiffre.

Le vin disponible pour l'exportation en août 1888, d'après les données du *ministère des Affaires étrangères*, sa répartition par départements et par catégories, sa force alcoolique, ainsi que son prix, nous sont donnés par le tableau suivant :

DÉPARTEMENTS	NOMBRE DE VITICULTEURS	QUANTITÉ DU VIN DISPONIBLE POUR EXPORTATION			RICHESSE ALCOOLIQUE DU VIN	PRIX D'UN DÉCALITRE DE VIN	
		BLANC	ROUGE	TOTAL		BLANC	ROUGE
		Décalitres	Décalitres	Décalitres	Degrés	Fr.	Fr.
Argesh	4	17.500	5.500	23.000	8 — 10	2 50 — 3 »	6 » — 7 »
Covurlui	4	»	»	936.000	9 — 10	0 70	0 90
Mehedintzi	24	6.945	17.565	24.510	6 — 13	2 » — 4 »	3 » — 5 »
Muscel	26	58.810	4.955	58.765	6 — 7	2 50	4 50
Putna	66	244.255	84.787	326.042	8,5 — 12	0 90 — 3 50	0 80 — 5 50
Tecuci	35	35.475	30.676	66.151	8 — 11	1 » — 1 40	1 50 — 2 »
Vaslui	2	6.300	450	6.750	»	4 »	4 »
Falciu	4	3.900	2.600	6.500	8 — 11	2 »	2 50 — 4 »
Tutova	43	17.700	12.485	30.185	10 — 18	1 » — 6 66	4 » — 8 »
Suceava	1	450	300	750	»	2 »	2 »
Romanatzi	36	12.300	11.470	23.790	4 — 13	1 80 — 3 »	1 20 — 3 »
Prahova	35	35.978	16.830	84.408	8 — 15	3 » — 8 »	3 » — 6 »
Bacau	4	4.737	677	5.415	12 — 14	1 50 — 4 »	1 80 — 6 »
Buzeu	63	43.290	58.590	101.880	8 — 12	2 » — 4 »	2 50 — 5 »
Dambovitza	27	25.300	100	25.400	5 — 8	3 » — 3 »	10 »
Jassy	39	36.818	17.938	54.756	8 — 15	2 » — 16 »	2 60 — 16 »
Rimnic-Sarat	24	13.430	15.900	29.330	8 — 13	1 50 — 4 »	1 40 — 4 »
Tulcea	11	8.405	1.880	10.285	12 — 18	2 40 — 2 75	2 75 — 3 »
Vēlcea	58	85.412	20.150	105.569	8 — 15	1 40 — 3 50	5 »
Vlasca	11	1.164	1.970	3.434	10 — 13	1 90 — 2 50	2 » — 6 »

Le prix du transport par voie ferrée du décalitre de vin, à partir des différents départements jusqu'aux ports principaux de Galatz et de Braïla, est contenu dans le tableau qui suit :

DÉPARTEMENTS	COUT DU TRANSPORT D'UN DÉCALITRE DE VIN AUX PORTS DE	
	BRAILA	GALATZ
	Fr.	Fr.
Argesh	0 80	1 »
Covurlui	»	0 15 — 0 20
Mehedintzi	1 10	1 25
Muscel	0 38	0 43
Putna	0 15 — 0 23	0 15 — 0 23
Tecuci	0 12 — 0 25	0 13 — 0 25
Falciu	0 50	0 30 — 0 50
Tutova	0 40 — 0 45	0 33 — 0 40
Suceava	0 40	0 38
Prahova	0 30 — 0 55	0 35 — 0 65
Bacau	0 30 — 1 25	0 25 — 1 25
Buzeu	0 15 — 4 50	0 20 — 4 70
Dambovitza	1 »	1 »
Jassy	0 20 — 0 50	0 25 — 0 55
Rimnic-Sarat	0 20 — 0 45	0 30 — 0 40
Tulcea	0 20 — 0 50	0 15 — 0 45
Vèlcea	0 50 — 1 »	0 50 — 1 »
Vlasca	0 18	0 20

La culture de la vigne en Roumanie se fait à bois long et à bois court.

En général, les vignes à long bois produisent plus que les autres, aussi la culture de la vigne basse et en taille courte est plus restreinte et ne s'étend qu'à quelques départements.

La culture d'un hectare de vigne, faite dans de bonnes conditions, varie entre 90 et 250 francs, somme où entre aussi le prix des échalas, lorsqu'on s'en sert.

La fabrication du vin, quoiqu'elle laisse encore

beaucoup à désirer, se trouve pourtant aujourd'hui fort améliorée, grâce à l'introduction de divers instruments perfectionnés.

Les vins tout à fait supérieurs sont produits en assez grande quantité, mais chez nous, comme partout, dénaturer la provenance du vignoble et la remplacer par des étiquettes étrangères sont des faits qui se pratiquent sur une échelle assez étendue.

De ces vins, il y en a dont l'hectolitre arrive à se vendre de 200 à 600 francs et plus encore.

Les vases pour l'exportation se vendent dans le pays, pour un hectolitre, en moyenne, de 6 à 7 fr., en bois de chêne et cerclés en fer.

Parmi les vins supérieurs qui se cultivent surtout pour la consommation dans le pays, il faut citer le *Tamaïosa*, qui a un parfum caractéristique (muscat) ; ce sont des vins fort bons au goût et alcooliques.

Le vin d'absinthe ou *pelin* est un vin dans lequel on introduit de l'absinthe en herbe pour lui donner le parfum de cette plante et un goût quelque peu amer ; il est très tonique, mais la consommation en est limitée.

Comme industries dérivées de la viticulture, nous dirons que la fabrication du cognac a pris quelque développement seulement depuis quelques années, et va sans cesse en florissant.

Le vinaigre ne se fait que pour la consommation dans le pays, en quantité souvent insuffisante.

402. — IMP. J. KUGELMANN, 12, RUE DE LA GRANGE-BATELIÈRE, PARIS.